Desbloquea el amor

OXITOCINA

APRENDE A ABRAZAR
TUS VÍNCULOS EMOCIONALES

I0109560

Desbloquea el amor

OXITOCINA

APRENDE A ABRAZAR
TUS VÍNCULOS EMOCIONALES

PAIDÓS.

© 2025, Estudio PE S. A. C.

Desarrollo editorial: Anónima Content Studio
Coordinación editorial: Daniela Alcalde
Cuidado de la edición: Carlos Ramos y Daniela Alcalde
Redacción e investigación: Micaela Arizola
Revisión científica: Laia Alonso
Diseño de portada: Lyda Naussán
Diseño de interior e infografías: Gian Saldarriaga
Fotografías: Lummi

Derechos reservados

© 2025, Ediciones Culturales Paidós, S.A. de C.V.
Bajo el sello editorial PAIDÓS M.R.
Avenida Presidente Masarik núm. 111,
Piso 2, Polanco V Sección, Miguel Hidalgo
C.P. 11560, Ciudad de México
www.planetadelibros.com.mx
www.paidos.com.mx

Primera edición en formato epub: abril de 2025
ISBN: 978-607-569-936-3

Primera edición impresa en México: abril de 2025
ISBN: 978-607-569-962-2

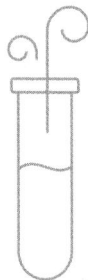

Impreso en los talleres de Litográfica Ingramex, S.A. de C.V.
Centeno núm. 162-1, colonia Granjas Esmeralda, Ciudad de México
Impreso y hecho en México – *Printed and made in Mexico*

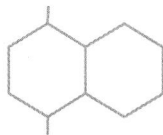

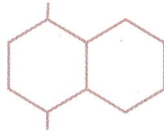

8

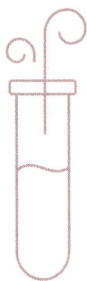

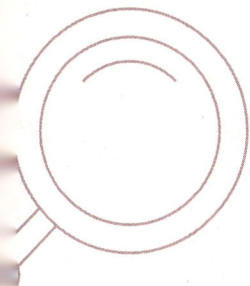

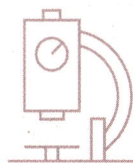

LA
química

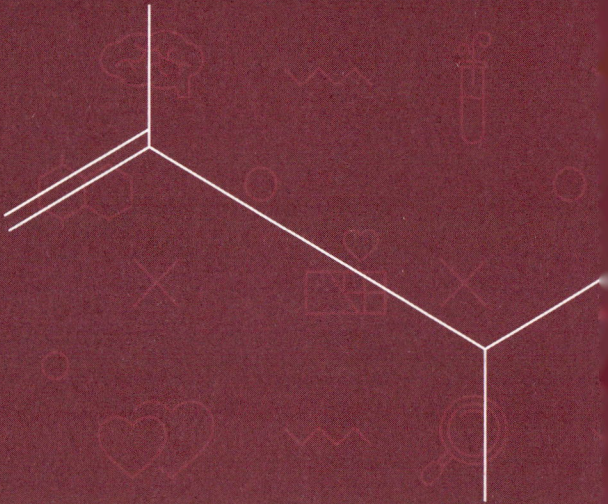

CORPORAL

Esta colección es un manual para descubrir la fisiología y la bioquímica que te llevarán al camino de la felicidad. Es también una invitación a un viaje que desvela la relación entre lo físico y lo emocional siguiendo la ruta de seis hormonas (oxitocina, dopamina, endorfinas, serotonina, testosterona y cortisol) y los neurotransmisores que tienen un papel fundamental en nuestras emociones y salud mental.

Para comenzar, en cada libro definiremos los principales conceptos sobre la química de la felicidad. Luego, se describirá cada una de las seis hormonas y se explicará cómo actúan y los efectos que producen en el cuerpo. Además, encontrarás ejemplos prácticos sobre cómo estimular las hormonas y los neurotransmisores para mantener el equilibrio entre ellos. Así podrás cambiar tus hábitos e incorporar nuevas prácticas para un estilo de vida más sano y, sobre todo, para convertirte en una versión tuya más feliz.

Las emociones en el cuerpo

Esperar los resultados de un proceso de selección de personal, sentir que el tiempo se detiene porque tu pareja no responde tu mensaje de WhatsApp o contar los días para emprender el viaje soñado con tus amigos son ejemplos de factores que probablemente te produzcan sentimientos de ansiedad y estrés. ¿Sabías que estas y otras respuestas emocionales se pueden manifestar en distintas partes de nuestro cuerpo? Partiendo de esta idea, un equipo de científicos finlandeses creó el mapa corporal de las emociones humanas.

Las emociones nos permiten adaptarnos a diversas situaciones, protegernos de amenazas y relacionarnos con otros seres.

En su estudio —realizado en 2013—, los participantes debían ubicar en qué parte del cuerpo sentían cada una de sus emociones. Tras este procedimiento, el grupo de investigadores descubrió que la emoción no solo modula la salud mental, sino que también genera respuestas concretas en ciertas zonas corporales, independientemente de la cultura a la que el individuo pertenezca. Estas reacciones son mecanismos biológicos que nos enseñan la conexión de la mente con el cuerpo. Cada emoción viene con su propia manifestación física.

Según este mapa, las dos emociones que generan respuestas más intensas, casi en todo el cuerpo, son la alegría y el amor. Por su parte, la depresión se percibe en el tórax, mientras que la ansiedad y la envidia se sienten en el pecho y la cabeza, respectivamente.

En ese sentido, el sistema endocrino es el encargado de traducir los estímulos y procesarlos en nuestro organismo. ¿Cómo? Mediante señales químicas que unas células, como las neuronas, transmiten a otras para influir en su comportamiento.

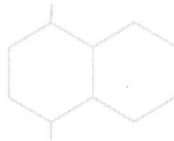

El sistema endocrino y el control de nuestro organismo

El sistema endocrino influye en casi todo el funcionamiento del cuerpo. Está compuesto por glándulas que producen hormonas, sustancias químicas que son liberadas directamente en nuestra sangre para que lleguen a las células, tejidos y órganos, de manera que ayuden a controlar el estado de ánimo, el crecimiento, el desarrollo, el metabolismo, la reproducción, el apetito y el sueño, entre otros. Las hormonas funcionan como mensajeros que comunican a las distintas partes de nuestro organismo la función que deben cumplir.

Las hormonas tienen un impacto directo en nuestra conducta.

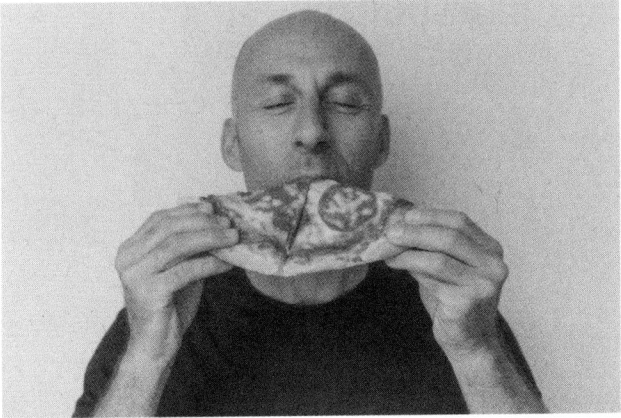

Las hormonas pueden influir
en nuestro apetito.

Este sistema determina qué cantidad de cada hormona se segrega en el torrente sanguíneo, lo cual depende del nivel de concentración de esta y otras sustancias. Algunos factores como el estrés, las infecciones y los cambios en el equilibrio de líquidos y minerales de la sangre también afectan las concentraciones hormonales.

LAS PRINCIPALES GLÁNDULAS ENDOCRINAS

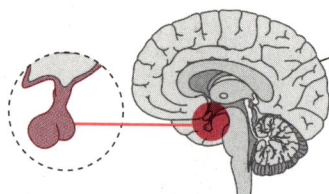

LA HIPÓFISIS

Se sitúa en la base del cráneo y se le considera la «glándula maestra», pues produce hormonas, como la oxitocina, que controlan otras glándulas y muchas funciones del cuerpo; por ejemplo, el crecimiento y la fertilidad.

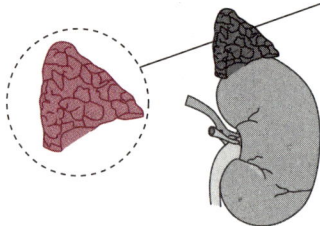

LAS GLÁNDULAS SUPRARRENALES

Son dos y se encuentran encima de cada riñón. Constan de dos partes: la corteza suprarrenal y la médula suprarrenal. La corteza segrega unas hormonas llamadas corticoesteroides (como el cortisol), implicadas en los procesos inflamatorios y en la regulación del sistema inmunitario.
Por su parte, la médula produce catecolaminas (adrenalina, noradrenalina y dopamina) y es la responsable de generar respuestas frente al estrés.

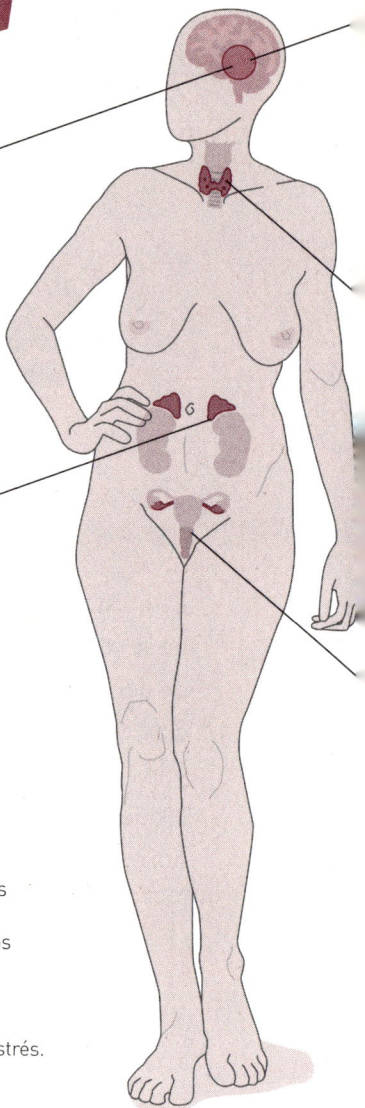

16

EL HIPOTÁLAMO

Se encuentra en la parte central inferior del cerebro y recoge la información que este recibe, como la temperatura que nos rodea, el hambre, el sueño, las emociones, etc. Luego, la envía a la hipófisis, uniendo el sistema endocrino con el sistema nervioso. Esto nos mantiene en homeostasis.

LA GLÁNDULA PINEAL

Está ubicada en el centro del cerebro. Segrega melatonina, una hormona que regula el sueño.

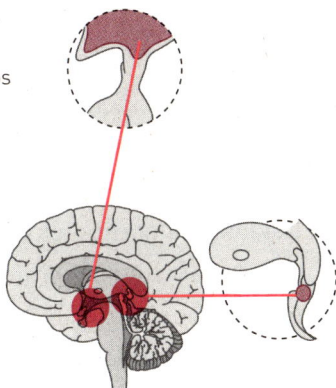

LA GLÁNDULA TIROIDEA

Se localiza en la parte baja y anterior del cuello. Produce las hormonas tiroideas tiroxina y triiodotironina, que controlan la velocidad con que las células queman el combustible de los alimentos para generar energía. Además, son importantes porque, cuando somos niños y adolescentes, ayudan a que nuestros huesos crezcan y se desarrollen.

LAS GLÁNDULAS PARATIROIDEAS

Son cuatro que están unidas a la glándula tiroidea y, conjuntamente, segregan la hormona paratiroidea, que regula la concentración de calcio en la sangre.

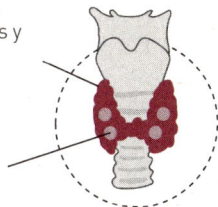

MUJERES   HOMBRES

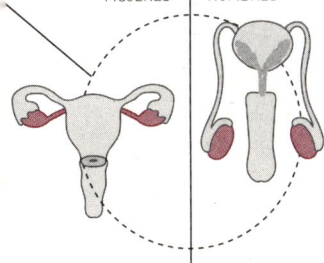

LAS GLÁNDULAS REPRODUCTORAS

También llamadas gónadas, son las principales fuentes de las hormonas sexuales. En los hombres, las gónadas masculinas o testículos segregan un conjunto de hormonas llamadas andrógenos, entre las cuales la más importante es la testosterona. En las mujeres, las gónadas femeninas u ovarios producen óvulos y segregan las hormonas femeninas: el estrógeno y la progesterona.

17

Cabe resaltar que el sistema endocrino no es el único involucrado en el trabajo de las hormonas, ya que este se relaciona estrechamente con el sistema nervioso. Nuestro cerebro envía las instrucciones al sistema endocrino, el cual «alimenta» con sus respuestas al sistema nervioso, que recopila, procesa y guarda esta información. Estos sistemas forman una relación bidireccional clave para mantener el equilibrio de nuestro cuerpo.

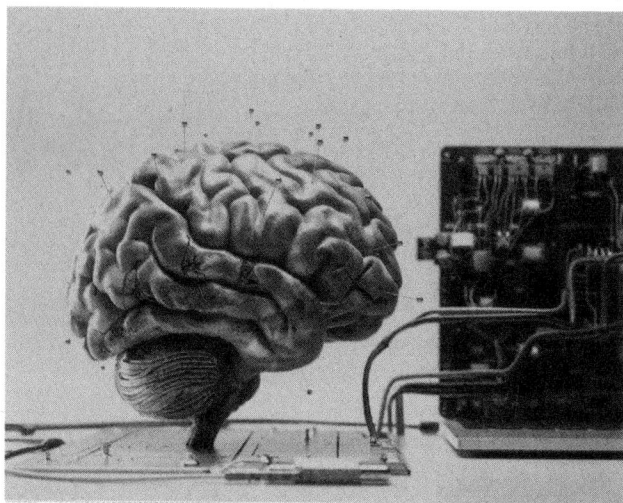

El cerebro es como el centro de operaciones de nuestro cuerpo. Envía las instrucciones para cada una de sus funciones.

El sistema nervioso: el descifrador de estímulos

El sistema nervioso es una red compleja de células especializadas, principalmente neuronas, que se encargan de coordinar y controlar las funciones de nuestro cuerpo. Se divide en dos partes principales:

- Sistema nervioso central (SNC): incluye el cerebro y la médula espinal. Es el centro de procesamiento y control, donde se reciben y analizan las señales del cuerpo y el entorno, y se toman decisiones para coordinar respuestas.

- Sistema nervioso periférico (SNP): está formado por nervios que conectan el SNC con el resto del cuerpo. Se subdivide en:

  - Sistema nervioso somático: controla las acciones voluntarias, como el movimiento de los músculos.

▨ Sistema nervioso autónomo: regula funciones involuntarias, como la digestión y la respiración. Este, a su vez, está conformado por el sistema simpático, que activa la respuesta de lucha o huida ante situaciones de estrés, y el sistema parasimpático, que promueve el descanso y la digestión, facilitando la recuperación del cuerpo.

Asimismo, el sistema nervioso hace posible la comunicación entre el cuerpo y el cerebro, asegurando que las funciones vitales y las respuestas a estímulos externos se realicen de manera eficiente.

Como sabemos, todo en el cuerpo humano está entrelazado. No hay sistema u órgano que no esté relacionado con otros. Este también es el caso del sistema nervioso, como veremos a continuación.

Los neurotransmisores: conexiones esenciales

Son las sustancias químicas que envían información precisa de una neurona a otra. Ese intercambio que sucede en las neuronas de nuestro cerebro es esencial para poder sentir, pensar y actuar. Esta sinapsis o conexión que se establece entre neuronas próximas da como resultado la regulación de nuestro organismo.

Si bien los neurotransmisores y las hormonas comparten muchas características, no son lo mismo. Una de las grandes diferencias entre ambos es que los neurotransmisores viajan a través de las sinapsis en el sistema nervioso central para comunicarse con otras neuronas y músculos, mientras que las hormonas se producen en las glándulas endocrinas —como el hipotálamo, la hipófisis o la tiroides— y recorren el cuerpo a través del torrente sanguíneo para llegar a los órganos.

En 1921, el fisiólogo alemán Otto Loewi descubrió la existencia de los neurotransmisores en el cerebro.

Existen más de cuarenta neurotransmisores en el sistema nervioso humano. Algunos de los más importantes son:

- **Serotonina**: conocido como el «neurotransmisor de la felicidad», tiene un papel fundamental en la regulación del estado de ánimo, el sueño y el apetito. También influye en el buen funcionamiento cognitivo, la memoria y la modulación del dolor.
- **Dopamina**: está vinculada con la motivación, la recompensa y el placer. Se libera cuando experimentamos satisfacción —como cuando comemos algo que nos gusta— y está relacionada con el proceso de aprendizaje y la memoria.
- **Noradrenalina**: desempeña un papel crucial en la respuesta al estrés y la regulación del estado de alerta, por lo que siempre está siendo secretada en pequeñas cantidades. Cuando necesitamos estar enfocados y atentos, este neurotransmisor es el responsable de preparar nuestro cuerpo y mente para afrontar los desafíos.

● Adrenalina: se libera exclusivamente en situaciones de estrés o peligro, en las que envía señales de alerta y nos prepara para la respuesta de lucha o huida, dando lugar al aumento de la frecuencia cardiaca y la presión arterial.

● Ácido gamma-aminobutírico o GABA: funciona como inhibidor del cerebro, ya que contrarresta la acción excitatoria de otros neurotransmisores, lo que genera un efecto calmante y mantiene en equilibrio nuestro sistema nervioso. Los medicamentos que son utilizados en los trastornos de ansiedad, como las benzodiacepinas, actúan sobre este neurotransmisor.

Si bien las hormonas y los neurotransmisores funcionan dentro de nuestro organismo mediante mensajes químicos entre los sistemas endocrino y nervioso, fuera del cuerpo trabajan las feromonas, que son señales para los miembros de la misma especie. Estas señales son interpretadas por nuestro cerebro y se desata como respuesta la comunicación interna hormonal.

Las feromonas: aliadas sutiles

Son sustancias químicas emitidas por la mayoría de los seres vivos para provocar respuestas en otros individuos de la misma especie, ayudándolos a comunicarse y organizarse eficientemente.

En los animales, las feromonas influyen en la atracción sexual, la delimitación de territorios, la identificación de miembros de la familia o la advertencia de peligro; mientras que en nosotros, los humanos, pueden afectar el comportamiento social y sexual de forma sutil.

Los tipos más comunes de feromonas en animales y humanos son:

- **De señalización sexual:** están relacionadas con el apareamiento y la atracción sexual.
- **De alarma:** son emitidas en situaciones de peligro o estrés para alertar a otros ante una amenaza inminente.
- **Territoriales:** sirven para marcar un territorio y evitar que otros individuos entren en él. En los animales, pueden estar en la orina y los excrementos.

- **De rastro:** ayudan a los miembros de un grupo de la misma especie a orientarse y seguir rutas establecidas.
- **Calmantes:** tienen un efecto tranquilizante sobre otros seres de la misma especie.
- **De agregación:** permiten a los individuos identificar a miembros de su propia especie o compañeros de grupo.

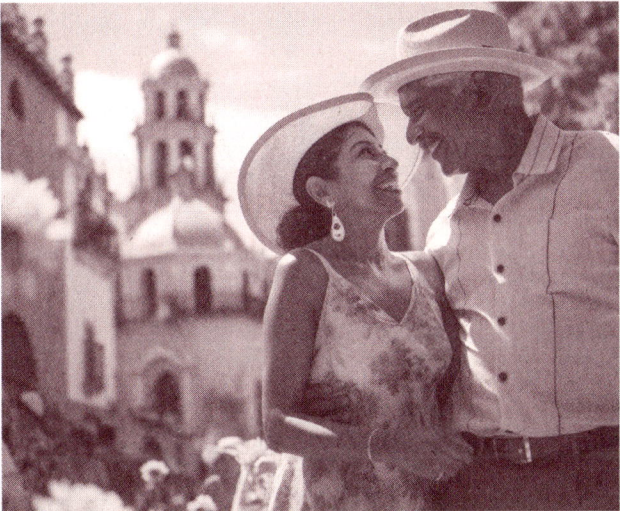

En una pareja, realmente existe una química que hace que se sientan atraídos el uno por el otro.

Otras alianzas estratégicas

El sistema endocrino es el protagonista en el trabajo hormonal. Se encarga de enviar información a las glándulas y órganos que elaboran hormonas para que estos, a su vez, las liberen en la sangre. De esta manera, sus mensajes llegan a todo nuestro cuerpo y los siguientes sistemas lo ayudan a realizar bien su trabajo:

SISTEMA ENDOCRINO

Elabora y libera hormonas en la sangre para que lleguen a los tejidos y órganos de todo el cuerpo.

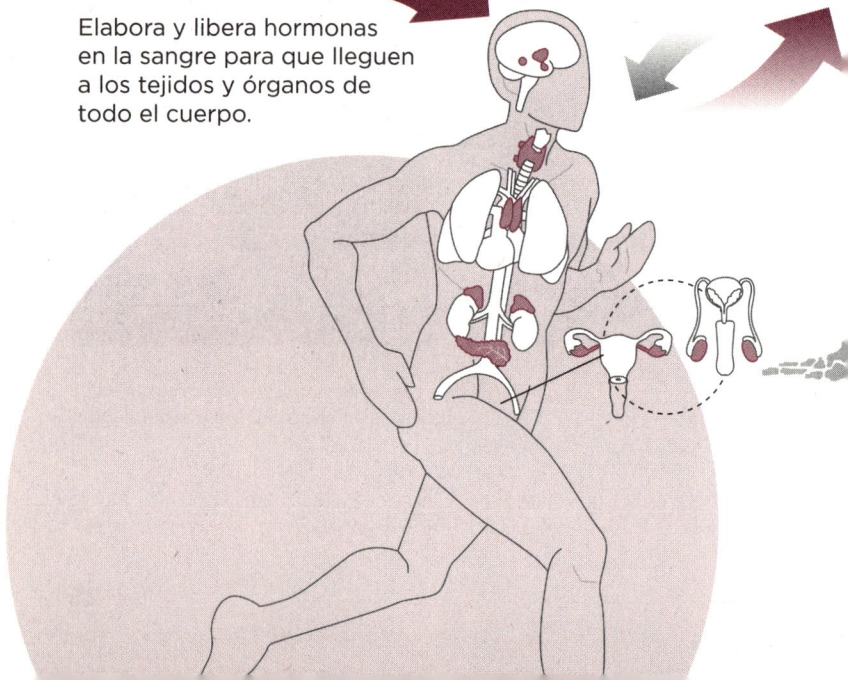

SISTEMA MUSCULAR

Facilita el movimiento del cuerpo, tanto voluntario como involuntario.

SISTEMA CIRCULATORIO

Transporta sangre, oxígeno y nutrientes a las células del cuerpo.

SISTEMA DIGESTIVO

Transforma alimentos en energía y nutrientes para el crecimiento y la reparación.

SISTEMA URINARIO

Filtra y elimina desechos del cuerpo y regula el equilibrio de líquidos.

SISTEMA NERVIOSO

Coordina las acciones del cuerpo mediante señales eléctricas y químicas.

SISTEMA ESQUELÉTICO

Soporta y protege los tejidos y órganos del cuerpo, además de facilitar su movimiento.

SISTEMA RESPIRATORIO

Aporta oxígeno al cuerpo y elimina dióxido de carbono.

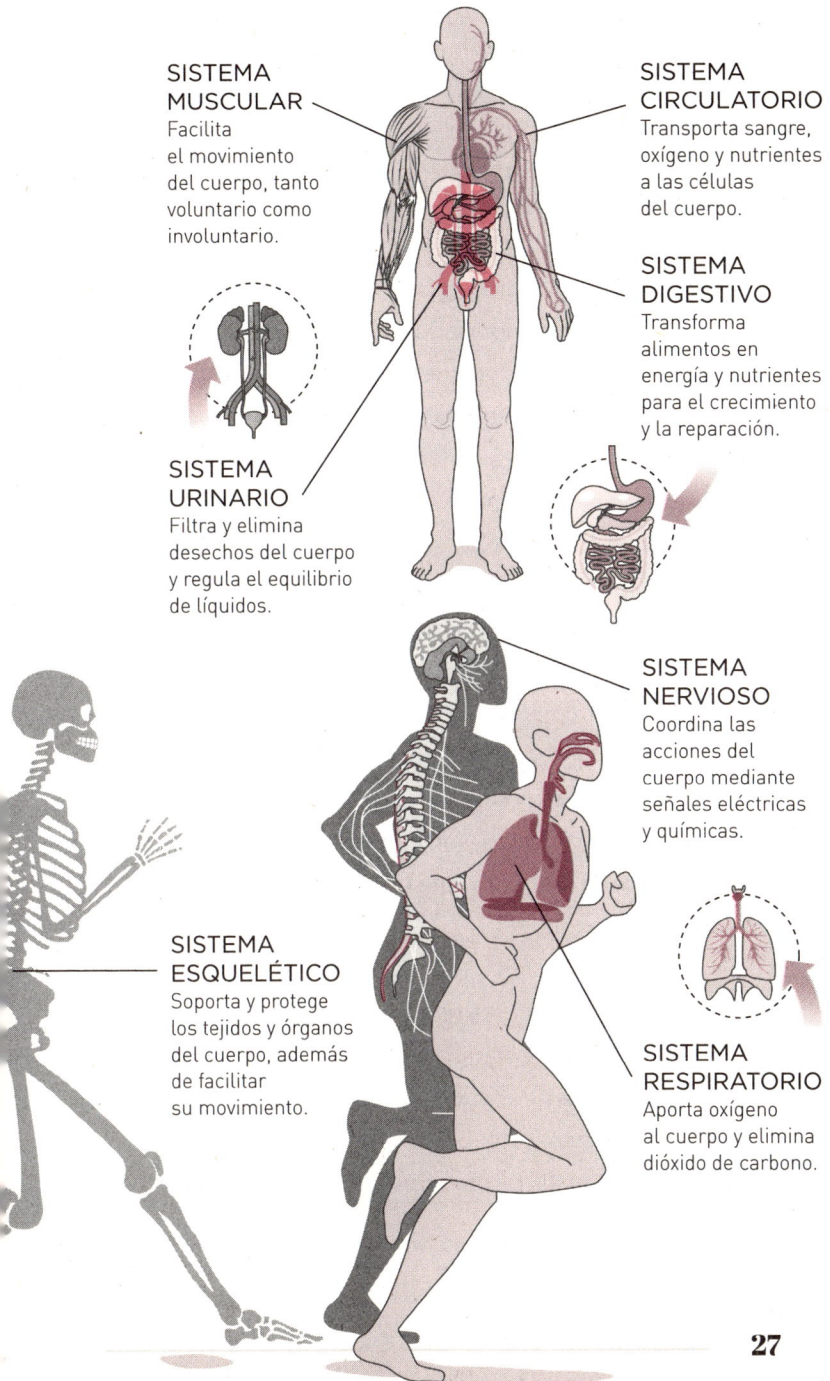

27

Las hormonas: emisarias eficientes

Son compuestos químicos generados por las glándulas del sistema endocrino que funcionan como transmisores de señales en nuestro cuerpo. Se desplazan por el torrente sanguíneo y son esenciales para preservar el equilibrio y la armonía entre nuestros distintos órganos y sistemas.

En cuanto a sus funciones principales, destacamos:

- **Regulación del metabolismo:** la insulina y las hormonas tiroideas controlan cómo nuestro cuerpo convierte los alimentos en energía.
- **Crecimiento y desarrollo:** las hormonas del crecimiento y sexuales, como los estrógenos y la testosterona, son clave para nuestro desarrollo físico durante la niñez, adolescencia y pubertad.
- **Mantenimiento del equilibrio interno (homeostasis):** el cortisol y la aldosterona nos ayudan a regular el equilibrio de sal, agua y minerales en el cuerpo.
- **Reproducción y desarrollo sexual:** los estrógenos, la testosterona y la progesterona

controlan el desarrollo de los caracteres sexuales secundarios y, según el sexo, regulan el ciclo menstrual, el embarazo o la producción de esperma.

- Regulación del estado de ánimo y el comportamiento: el cortisol y la testosterona influyen en nuestro estado emocional y los niveles de energía.
- Respuesta al estrés: el cortisol y la adrenalina preparan al cuerpo para reaccionar ante situaciones de estrés o peligro.

El funcionamiento adecuado de nuestras hormonas nos ayudará a lograr el bienestar y el equilibrio.

Cuando hay demasiadas o muy pocas hormonas en el torrente sanguíneo, se produce el desequilibrio hormonal y se desencadenan problemas de salud. Por eso, es esencial que haya un balance adecuado entre ellas para que funcionemos óptimamente y podamos evitar los siguientes efectos negativos:

- **Trastornos metabólicos:** un exceso o déficit de hormonas tiroideas o insulina puede generarnos hipotiroidismo, hipertiroidismo o diabetes.
- **Problemas emocionales:** un desequilibrio de cortisol o de las hormonas del estrés puede causarnos ansiedad, depresión o irritabilidad.
- **Problemas de crecimiento:** la deficiencia de la hormona del crecimiento puede ocasionarnos problemas como enanismo, mientras que un exceso provoca gigantismo o acromegalia.

- **Alteraciones reproductivas:** un desequilibrio en las hormonas sexuales puede causar, en las mujeres, infertilidad y problemas menstruales, mientras que, en los hombres, genera baja producción de esperma o disfunción eréctil.
- **Estrés crónico y fatiga:** un exceso de cortisol puede llevarnos al agotamiento, problemas de memoria y aumento de peso.

Debido a la importancia que tienen las hormonas para el organismo, su desbalance puede causarnos trastornos hormonales.

Si no se atienden a tiempo, los desequilibrios hormonales pueden desencadenar afecciones crónicas. Por eso, es importante cuidar el equilibrio químico de nuestro cuerpo.

El desorden de los trastornos hormonales

Los trastornos hormonales aparecen cuando tenemos un desequilibrio en la producción o función de las hormonas en el cuerpo. Algunos de los más importantes son los siguientes:

- **Hipotiroidismo:** ocurre cuando nuestra glándula tiroides no produce suficiente cantidad de dos hormonas tiroideas (T3 y T4). Entonces, se desregulan las reacciones metabólicas del organismo y se afectan las funciones neuronales, cardiocirculatorias, digestivas, entre otras.

- **Hipertiroidismo:** es un exceso de hormonas tiroideas que puede acelerar el metabolismo y, como consecuencia de ello, producirnos una pérdida de peso inesperada, acelerar nuestro ritmo cardiaco y predisponernos a un aumento de sudoración o de irritabilidad.

- **Diabetes:** consiste en la deficiencia o resistencia a la insulina, lo que afecta la regulación del azúcar en la sangre y nos puede causar daños graves en el corazón, los vasos sanguíneos, los ojos, los riñones y los nervios.

- Síndrome de ovario poliquístico (SOP): se define como el desequilibrio de las hormonas sexuales femeninas (exceso de andrógenos) y puede provocar la ausencia de la menstruación o ciclos irregulares.

- Insuficiencia suprarrenal (enfermedad de Addison): se origina cuando las glándulas suprarrenales no producen suficiente cortisol y aldosterona.

- Síndrome de Cushing: se produce por un exceso de cortisol en nuestro cuerpo.

- Acromegalia: sucede como consecuencia de tener niveles altos de la hormona de crecimiento en los adultos, generalmente debido a un tumor en la glándula pituitaria.

- Hipogonadismo: es la producción insuficiente de hormonas sexuales (testosterona en hombres, estrógeno en mujeres).

- Hiperprolactinemia: ocurre por un exceso de prolactina, regularmente causado por un tumor en la glándula pituitaria.

- Menopausia precoz: se trata de la disminución temprana de los niveles de estrógeno, generalmente antes de los 40 años.

La felicidad explicada de forma orgánica

Las hormonas y los neurotransmisores juegan un papel fundamental en la regulación de las emociones. Los desequilibrios hormonales pueden generar cambios de humor, ansiedad, depresión u otras alteraciones. Por el contrario, mantener un equilibrio hormonal saludable favorece nuestra estabilidad emocional y bienestar mental, lo que está ligado estrechamente con la felicidad.

Estas son las hormonas y los neurotransmisores claves que influyen en ella:

- Serotonina: sus niveles adecuados se asocian con la felicidad; no obstante, niveles bajos pueden conducirnos a estados de depresión y ansiedad.
- Dopamina: cuando realizamos actividades placenteras o alcanzamos metas, su cantidad se incrementa y esto genera sensaciones de satisfacción.

- **Oxitocina:** esta hormona aumenta durante el contacto físico, las interacciones sociales positivas y la formación de vínculos afectivos, lo que promueve una sensación de bienestar.

- **Endorfinas:** su liberación, a través del ejercicio, la risa y el sexo, nos hace sentir euforia y relajamiento.

- **Testosterona:** niveles equilibrados están asociados con una mayor energía y una mejor sensación general; mientras que niveles bajos pueden estar relacionados con la depresión y la fatiga. Cabe precisar que la producción de esta hormona en hombres y mujeres presenta rangos diferentes.

- **Cortisol:** su exceso nos ocasiona inestabilidad emocional, por eso hay que estar atentos para regularlo. Provoca irritabilidad, la sensibilidad está a flor de piel, lo que deviene en conflictos con otras personas o en sentimientos de angustia, tristeza o exaltación.

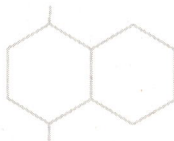

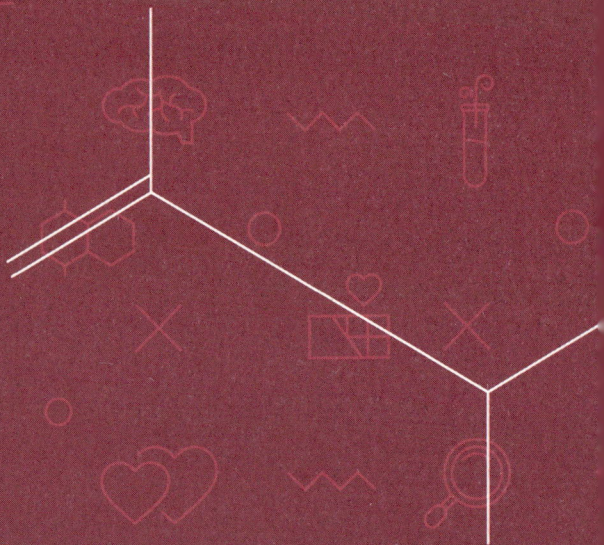

CAPÍTULO

1

OXITOCINA:
LA HORMONA
DEL
amor

¿Qué es la oxitocina?

Es una hormona producida en el cerebro de mamíferos como nosotros. Aunque la oxitocina como tal es exclusiva de esta clase de animales, se han encontrado sustancias químicas parecidas en todo el reino animal. Las aves, reptiles, peces y hasta los pulpos tienen su propia versión de la oxitocina.

Esta hormona nos permite experimentar sensaciones agradables, además de que nos ayuda a formar vínculos emocionales con otras personas o con nuestras mascotas, quienes también pueden desarrollar afecto hacia nosotros. Gracias a esta sustancia, podemos enamorarnos, sentir confianza, compasión, empatía y apego.

La oxitocina es la responsable de nuestras relaciones sociales, de pareja, sexuales, así como de nuestra conducta como padres. En general, es la encargada de nuestra interacción con otras personas y el mundo exterior.

Los momentos que compartimos con nuestros seres
queridos estimulan la producción de oxitocina.

Siempre con nosotros

La oxitocina está en nuestra vida desde el nacimiento, debido a que se hace presente durante el parto y luego en la lactancia. Su nombre deriva del griego όξύς (oxys), que significa «rápido», y τόκος (tokos), «nacimiento», pues gracias a ella las paredes del útero se contraen y el bebé es impulsado por el canal vaginal hasta fuera del cuerpo de la madre.

Posteriormente, produce un efecto ansiolítico y calmante en la madre durante la lactancia. El bebé, al succionar el pezón materno, causa que ella libere oxitocina, lo que facilita la salida de la leche para alimentarlo. La secreción continua hasta que él termina y se reanuda cuando la madre le da de lactar nuevamente.

Sin esta hormona, para los mamíferos sería imposible saber cómo amamantar y cuidar a sus crías. La liberación de oxitocina es la que nos enseña a ser padres y a sentir apego por nuestros hijos. Activa nuestras funciones neuronales para cuidarlos, estar alertas, mantenerlos sanos y libres de todo peligro.

Comportamiento social

Desde la década de los ochenta, diversos especialistas han reconocido que la oxitocina influye en nuestro comportamiento social. No solo se restringe al parto, lactancia o a la reproducción, como antes se creía. Se ha descubierto que también es la responsable de modular nuestro reconocimiento social, comportamiento sexual y parental, así como de disminuir la posibilidad de que tengamos reacciones agresivas y aumentar nuestra confianza y generosidad.

La oxitocina nos ayuda a establecer relaciones sociales. Es decir, incide en nuestra habilidad para reconocer a otros individuos del mismo grupo, formar vínculos con ellos, generar apego y, en algunos casos, emparejamiento.

La oxitocina impacta en nuestra socialización y en los vínculos afectivos que desarrollamos.

Por otro lado, esta hormona permite establecer jerarquías dentro de un grupo, como por ejemplo, en conexiones, en los deportes o en los estudios. Esto se logra gracias a que la oxitocina reduce el estrés en el cuerpo y genera empatía; así, nos sentimos seguros y nos es posible desarrollar confianza en quienes nos rodean.

La hormona del amor

La oxitocina genera interés, atracción y conexión hacia otras personas. Cuando uno se enamora, la respuesta —el sentimiento de amor— se siente en todo el cuerpo: aparecen las palpitaciones, se activan las glándulas sudoríparas y se dilatan las pupilas.

La alegría y el bienestar nos invaden, el cuerpo responde físicamente al estímulo placentero. En algunos casos, se inicia el deseo sexual, la necesidad de cuidado, las ganas de construir lazos familiares y mucho más.

¿Cómo se produce?

De forma natural, por ejemplo, cuando vemos a aquellos que nos quieren, cuando damos o recibimos expresiones de afecto o a través del contacto físico. Por ello, es conocida como la «hormona del abrazo».

La oxitocina no se encuentra en alimentos, bebidas o minerales. Sin embargo, sí existen ciertas especias que estimulan su producción en el organismo. Este es el caso del perejil, el tomillo, el romero, la hierbabuena o el eneldo.

El chocolate es otro de los ingredientes que favorece la producción de esta hormona, ya que contiene exorfinas, un tipo de analgésico natural que también está en la leche animal e incluso en el pan.

La oxitocina nos permite disfrutar del contacto y los gestos de cariño de nuestros seres queridos.

Un poco de historia

En 1906, Henry Dale descubrió que, si se les inyectaba a las gatas preñadas un extracto obtenido de la parte posterior de sus hipófisis, esto les provocaba contracciones. Esa fue la base de estudios posteriores que buscaban saber cuál era la sustancia que generaba tal efecto.

En 1954, el bioquímico Vincent du Vigneaud y su equipo aislaron por primera vez la oxitocina en su laboratorio. Gracias a este experimento, recibió el Premio Nobel de Química al año siguiente.

Luego de esto, se consiguió crearla artificialmente fuera del cuerpo. Así, se han podido producir medicamentos que hoy ayudan a millones de mujeres a inducir el parto. Además, se siguen llevando a cabo estudios ligados a la oxitocina que apuntan a controlar la ansiedad, agresividad y temas relacionados con el autismo.

Sin investigación científica, difícilmente comprenderíamos lo que ocurre en nuestro cuerpo ni conoceríamos las funciones de esta hormona.

La oxitocina en nuestro cuerpo

En los seres humanos, la oxitocina se genera en el hipotálamo, pero la hipófisis posterior es la que se encarga de almacenarla y liberarla cuando es necesario. Viaja en forma de molécula por el cuerpo de la siguiente manera:

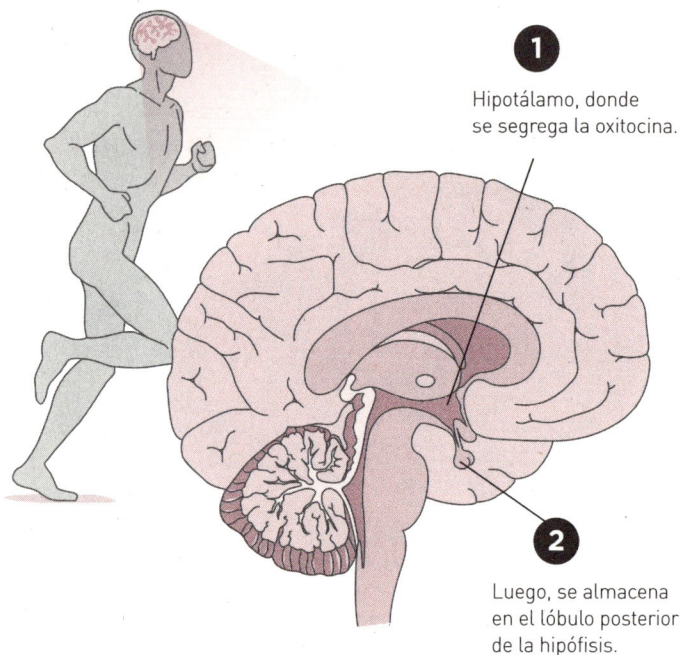

1

Hipotálamo, donde se segrega la oxitocina.

2

Luego, se almacena en el lóbulo posterior de la hipófisis.

3

Realiza un largo recorrido por el cuerpo a través del torrente sanguíneo.

4

Llega a varios órganos como la médula espinal o la piel.

5

El órgano receptor de la oxitocina generará una respuesta, como la contracción muscular, la cual, a su vez, transmitirá esa sensación al sistema nervioso para que la procese.

Así se generan las sensaciones de confianza, apego, generosidad, etc.

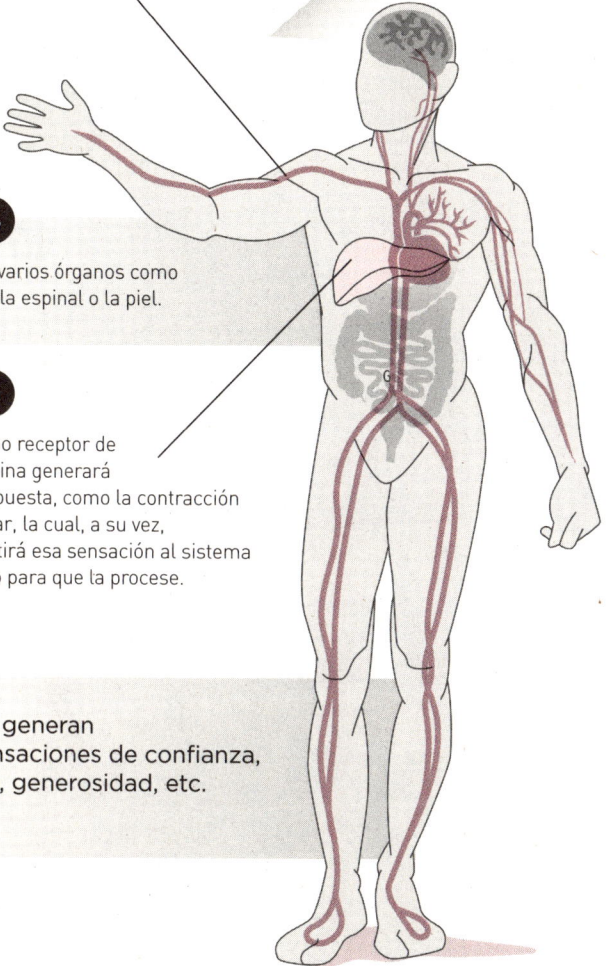

47

DURANTE EL ACTO SEXUAL

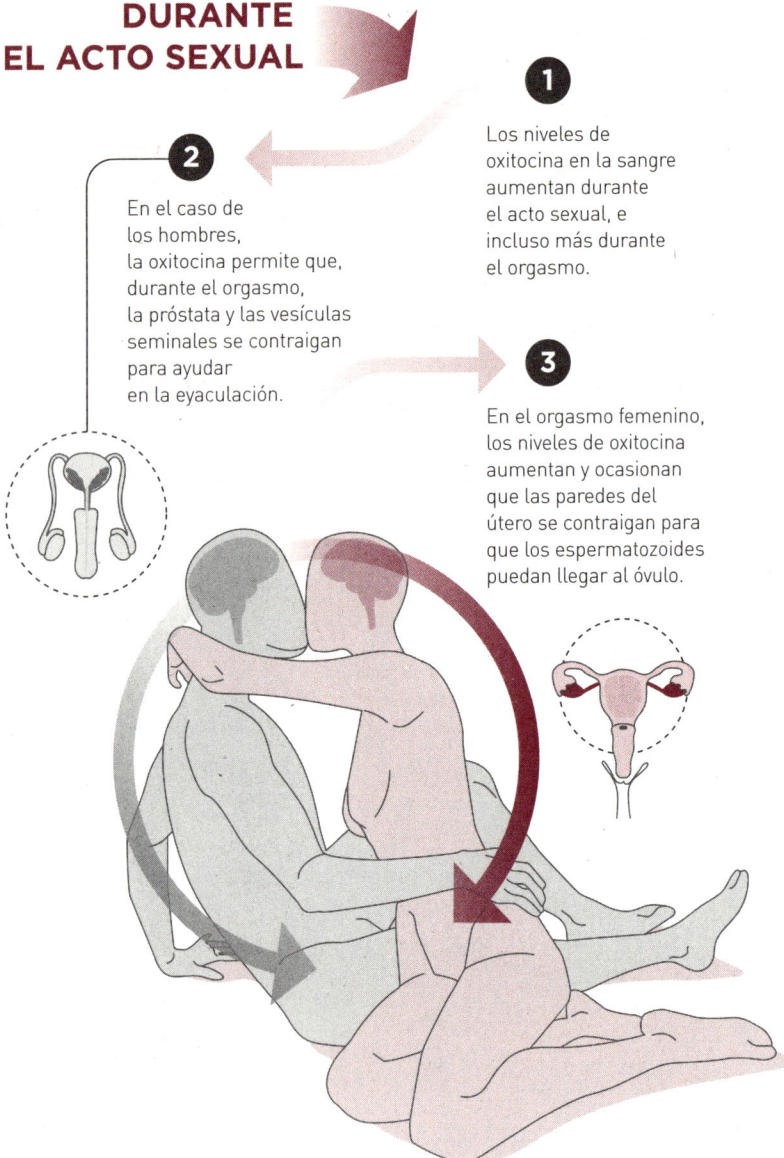

1

Los niveles de oxitocina en la sangre aumentan durante el acto sexual, e incluso más durante el orgasmo.

2

En el caso de los hombres, la oxitocina permite que, durante el orgasmo, la próstata y las vesículas seminales se contraigan para ayudar en la eyaculación.

3

En el orgasmo femenino, los niveles de oxitocina aumentan y ocasionan que las paredes del útero se contraigan para que los espermatozoides puedan llegar al óvulo.

DURANTE EL EMBARAZO

1

En el caso de las mujeres, durante el parto, la oxitocina llega al cuello del útero.

2

Allí, aumenta la amplitud y la frecuencia de las contracciones.

3

Luego, facilita que la vagina se distienda para que el bebé pueda nacer.

4

Después del parto, ayuda a que la placenta sea expulsada.

5

También llega a las glándulas mamarias para favorecer la lactancia.

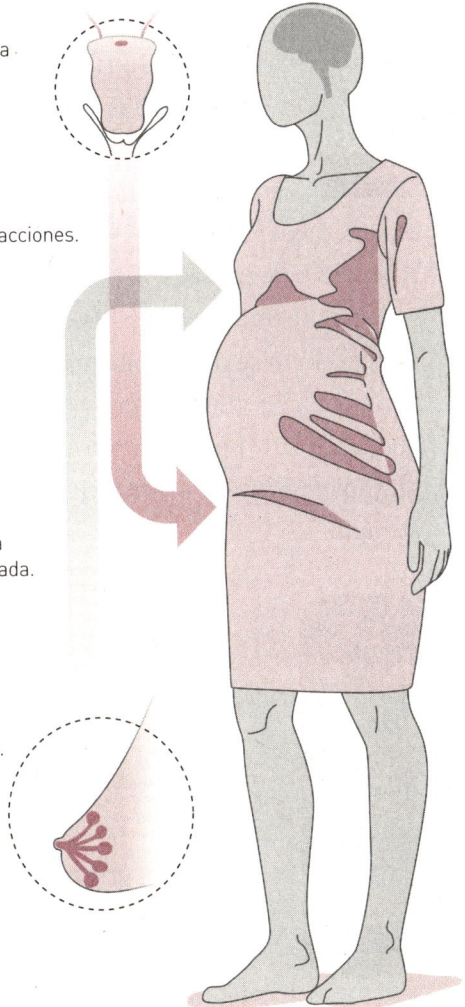

Efectos en el cuerpo humano

Los resultados de la oxitocina se dan gracias a las respuestas de los neurotransmisores al sistema nervioso central. Una vez procesadas allí, nos causan distintas sensaciones. Dependiendo del estímulo, estas pueden ser positivas o negativas.

La oxitocina nos estimula de forma positiva o negativa y lo hace de distinta manera según la persona y la conexión que tengamos con ella. Para algunos, puede ser muy positivo, pero en otros podría detonar sentimientos o recuerdos alejados de la felicidad. Por ejemplo:

RESPUESTAS NEGATIVAS

Influye en los celos.

Puede incitar la desconfianza.

Nos puede volver más agresivos.

Puede hacernos más sensibles al rechazo.

Exacerba el nivel de apego.

RESPUESTAS POSITIVAS

Reduce el cortisol.

Regula el miedo.

Libera hormonas de bienestar y relajación.

Disminuye la ansiedad.

Enfrenta el estrés.

Protege el corazón.

Baja el colesterol.

Termorregula el cuerpo.

Baja la tensión arterial.

Aumenta el umbral del dolor.

Mejora las funciones de aprendizaje.

Un caso para analizar

Gonzalo es un jefe tiránico, con una obsesión por la verticalidad en la empresa. Tenía una compañía heredada de su padre, la cual siempre le produjo gran ansiedad; nunca estuvo seguro de que eso era lo que quería estar haciendo y, a la vez, tenía miedo de no estar desempeñándose bien. «No decepcionar al viejo» era su mantra cada vez que debía tomar una decisión.

El trato de Gonzalo hacia sus trabajadores era distante, parco. En ocasiones, podría llegar a ser evasivo y hasta agresivo. Saludaba entre dientes incluso a los trabajadores más antiguos; solo congeniaba con un par de personas y sus interacciones con el resto del equipo eran diplomáticas rayando en la displicencia, el sarcasmo y, a veces, el cinismo. No conocía la crítica constructiva.

Su equipo no lo tomaba en cuenta para el día a día en la oficina, no era parte de sus vidas ni dentro ni fuera. Su convivencia era, más bien, fría y distante. Participaba en celebraciones de cumpleaños, *baby showers* o Navidad de manera tangencial. Almorzaba solo, en su oficina o en restaurantes cercanos.

Un día llegó Meche a reemplazar a su antigua secretaria. Ella era alegre, risueña, llena de vida. Una mujer mayor que sabía muy bien su trabajo. Su eficiencia y profesionalismo sorprendieron a Gonzalo; también su buen humor, así como el equipo que ella había sugerido para contratar.

Poco a poco, la suspicacia inicial de Gonzalo se fue relajando y empezó a trabajar más cerca de Meche y su equipo. Pasar más tiempo con personas amables y empáticas generó un vínculo. Al pasar las horas y los días, la relación se volvió más cercana. Fue entonces que la oxitocina desactivó esa ansiedad en él, así como su angustia, obsesión y negatividad.

Su estado de ánimo cambió no solo en relación con ese grupo de trabajo, sino que se trasladó a toda la oficina. Empezó a recibir sonrisas y las personas comenzaron a acercarse más. El trato inicial de Gonzalo pasó al olvido y se volvió más confiado, con ganas de aprender de su equipo y escuchar sus propuestas.

El flujo de oxitocina entre él y sus empleados hizo que el trabajo se convirtiera más en un placer que en una obligación. Su productividad mejoró enormemente. El cambio de cultura, así como la eficiencia y efectividad, convirtieron a su empresa en un éxito.

Tu especialista de cabecera dice

WALTER RISO

Es psicólogo y experto en terapia cognitiva y bioética, autor de *bestsellers* como *De tanto amarte, me olvidé de mí*, *El coraje de ser quien eres (aunque no gustes)* y *Amar o depender.* Él comenta sobre esta hormona:

La oxitocina es uno de los elementos químicos que se liberan frente a estímulos sexuales, puede ser liberada con un simple abrazo, con una caricia o con un beso. Por eso resulta esencial para la estabilidad emocional de nuestro cerebro y, al mismo tiempo, nos ayuda a combatir sensaciones o estados de ansiedad, estrés, fobias, temores, etc.

ANA ASENSIO

Es doctora en Neurociencia por la Universidad Complutense de Madrid, psicóloga general sanitaria, neuropsicóloga y psicoterapeuta Gestalt con más de veinte años de experiencia. En su libro *Neurofelicidad*, dice:

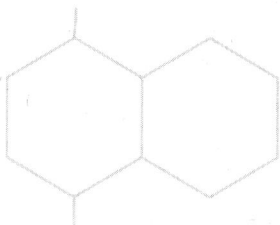

> Si una persona no tiene la posibilidad de convivir o tener una conexión continuada con otra, un gran aporte de oxitocina se puede recibir en el contacto con las mascotas, que además de ser una gran compañía, son un gran aporte de emociones positivas

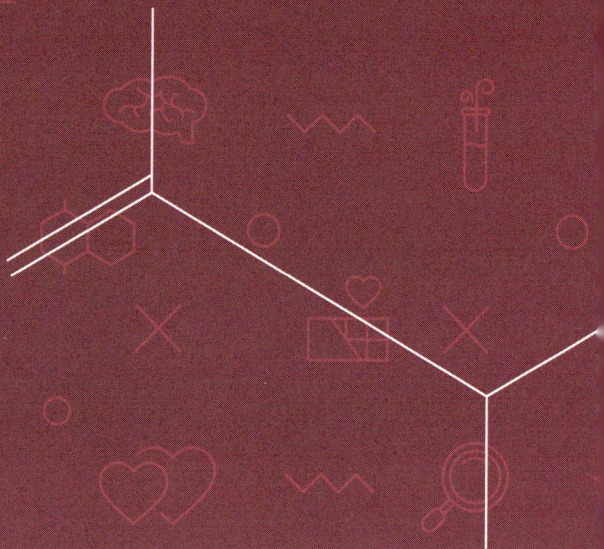

CAPÍTULO

2

LA QUÍMICA
QUE NOS

une

¿Cuándo liberamos oxitocina?

Sentimos la oxitocina en los momentos placenteros de la vida. Por eso, además de ser la «hormona del abrazo», se le conoce como la «hormona del amor», pues nos hace sentir plenitud, conexión con las personas y confianza en ellas. Contribuye a que establezcamos lazos de apego no solo con los demás, sino también con nuestras mascotas, lugares y recuerdos que nos hicieron felices.

Un abrazo largo, un beso cariñoso —o mejor aún apasionado—, masajes en todo el cuerpo o

La succión del bebé durante la lactancia estimula la producción de oxitocina en la madre.

simplemente una delicada caricia disparan los niveles de oxitocina. Ni qué decir de un largo orgasmo.

Más que una caricia

El contacto físico no es lo único que libera oxitocina. También están las señales no verbales: que nos presten atención, que entiendan nuestras emociones y que se preocupen genuinamente por nosotros.

Las muestras de amabilidad, el contacto visual y la escucha activa entre dos personas, sobre todo si son pareja, son otra gran fuente de producción. Ocurre de igual manera con la cercanía con amigos, familiares o seres queridos.

La generosidad y la empatía mostradas hacia nosotros son otros factores que la disparan. Por ejemplo, cuando en nuestra vida laboral celebran un logro que hemos conseguido, comprenden lo que nos preocupa o reconocen el esfuerzo que hemos hecho. Todo ello contribuye a la construcción de relaciones más sólidas y, por ende, a un sentimiento de aprecio y seguridad en nosotros mismos. Trabajar en un ambiente positivo relaja nuestro cerebro y nos ayuda a ser más creativos y productivos.

Otras situaciones

La oxitocina se libera cuando estamos expuestos a temperaturas extremas de calor y frío. Eso se debe a que nos sentimos aliviados y relajados. Por ejemplo, cuando estamos disfrutando de un sauna, un vapor o un largo baño de agua caliente; cuando nos refugiamos en un lugar con calefacción y una bebida cálida, mientras que afuera el clima es gélido, tormentoso o aterradoramente lluvioso. Por otro lado, un baño de agua bien fría también genera esta respuesta en nuestro cuerpo. Pero ¿por qué?

En este caso, es una respuesta natural ante el estrés. La adrenalina recorre nuestro cuerpo activando alarmas. Nuestro cerebro no percibe la situación como «normal», sino como amenazante y la respuesta de nuestro cuerpo es prepararnos para la reacción de huida, lucha y miedo. Allí es cuando interviene la oxitocina para calmarnos y llenarnos de una sensación de aplacamiento, que puede durar varias horas. Por este motivo, un baño de agua fría nos puede poner de buen humor para el resto del día.

Relaciones químicas

Según sea el caso, la oxitocina estimula la producción de otras hormonas, como la dopamina, el estrógeno, la serotonina, la prolactina y las endorfinas.

Endorfinas

Si contamos con altos niveles de oxitocina, las endorfinas nos transmiten sentimientos de plenitud, felicidad y relajamiento.

Prolactina

Es la encargada del desarrollo de las mamas y la lactancia, y está implicada en la relación de los padres con sus crías, pues genera el vínculo de apego que nos lleva a cuidarlos y protegerlos. Su combinación con la oxitocina es importante para la elaboración de la leche materna, así como en la maduración intestinal de los bebés.

Cortisol

Es la némesis de la oxitocina y la principal hormona del estrés. Están íntimamente relacionados; cuando la oxitocina aumenta, el cortisol disminuye y viceversa. Los vínculos afectivos generados por la oxitocina nos ayudan a afrontar el estrés y a amortiguar su impacto biológico sobre nosotros.

Dopamina

Es una de las mejores compañeras de la oxitocina. Es la que hace que nuestro corazón se encienda con alguien. Nos induce a sentir deseo, ganas de tener contacto físico y estar al lado de esa persona todo el tiempo.

Luego, llega la oxitocina, que es la encargada de establecer esa «conexión» única y de que se inicie un romance intenso y pasional. Además, es la responsable de establecer vínculos profundos y duraderos. Pero ¡cuidado!, si bien nos permite ver todo el potencial de este amor, también nos ciega ante posibles toxicidades de una relación.

Serotonina

El contacto físico desencadena la liberación de la oxitocina y la serotonina, puesto que mejora nuestro estado de ánimo y nos da una sensación de bienestar.

En este caso, un abrazo o una caricia provoca que la serotonina viaje por nuestro cuerpo haciéndonos sentir felices, tranquilos y en calma. En tanto, la oxitocina nos dice que esa sensación forma un lazo de apego, amor y confianza, según sea el caso.

La oxitocina, en alianza con la serotonina, la dopamina y las endorfinas, puede contribuir significativamente a reducir el estrés.

Un abrazo en el cuerpo

La oxitocina se libera de muchas maneras en nuestro cuerpo. Una de las más sencillas es abrazando a personas queridas, apreciadas o amadas. Este pequeño acto tiene grandes efectos sobre nuestra salud y nuestro humor.

1

UNA MAMÁ Y SU BEBÉ

Un abrazo es de gran relevancia, por ejemplo, al comienzo de la vida. Durante la primera hora después del parto, el aumento de la oxitocina de la madre influye en el vínculo afectivo entre ella y su hijo.

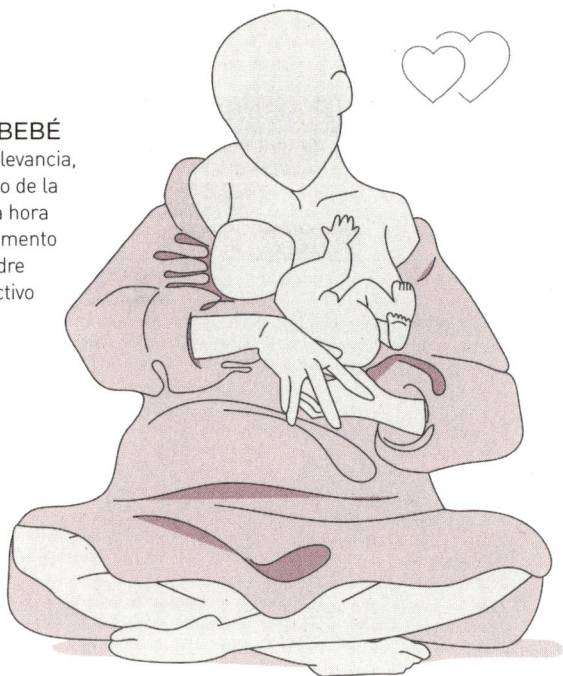

Las madres nos
transmiten confianza.

También seguridad
y conexión con ellas.

Así, mejora
la alimentación del bebé.

Aumenta sus posibilidades
de supervivencia.

Disminuye los niveles
de estrés y ansiedad.

Eleva la sensación
de bienestar.

Sus defensas
se fortalecen.

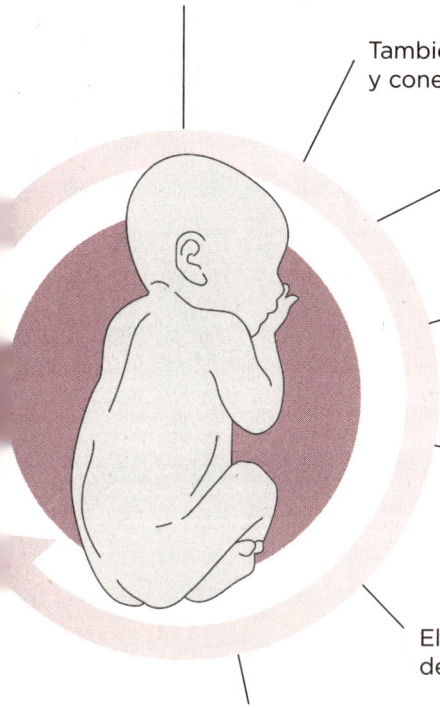

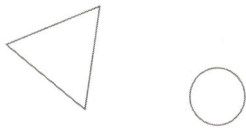

2

ENTRE AMIGOS

¿Sabías que los abrazos entre amigos son beneficiosos tanto a nivel físico como emocional? Liberan grandes cantidades de oxitocina y lo que generan en nuestro cuerpo es excepcional.

Contribuyen a
la sensación de presencia
en la vida del otro.

Provocan tranquilidad
y seguridad cuando
están juntos.

El sentimiento de
completitud y conexión
se vuelve más profundo.

Se fortalecen
los lazos afectivos.

El sistema inmunitario
se refuerza.

3

DOS ENAMORADOS

Cuando dos personas empiezan a gustarse
y pasar más tiempo juntos, gracias a
la oxitocina, ellos:

Intercambian anécdotas, gustos y
tienen conversaciones profundas.

Se estrecha el vínculo.

Tienen contacto físico besándose y
acariciándose.

Se enamoran apasionadamente.

Al tener relaciones sexuales sus niveles
de oxitocina se disparan.

Las parejas que conviven durante largo
tiempo tienden a vivir más, sufrir
menos infartos y derrames cerebrales.

Tienden a estar menos deprimidas y
reaccionan mejor a operaciones y
tratamientos mayores como al cáncer.

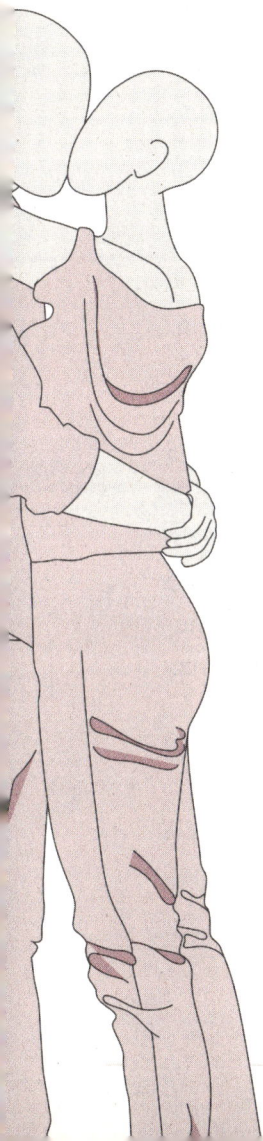

Un caso para analizar

Andrea es una mujer soltera de 45 años que trabaja en casa desde la pandemia. Su círculo social se ha reducido y sus contactos con el exterior ocurren principalmente con su familia y con su grupo de amigos cercanos. Además, el no tener hijos la deja fuera de muchas reuniones, planes, viajes o paseos. Desde su última relación sentimental ha pasado algún tiempo, y su timidez y aislamiento no le han permitido entablar una nueva.

Hace un par de semanas recibió el mensaje de una amiga: su primo se mudaba al mismo edificio donde vivía Andrea. Así que le pidió que lo ayudara a instalarse, que le enseñara el barrio y lo orientara en esta nueva etapa de su vida. Andrea se sintió comprometida, estresada por esta tarea impuesta; sin embargo, por el cariño a su amiga, aceptó.

Alonso venía de Roma. Dejó su ciudad natal veinte años atrás, pero había vuelto para estar más cerca de sus padres ya ancianos, sus hermanos y sus nuevos sobrinos. Después de tanto tiempo en Italia, había perdido el contacto con muchos de sus amigos de la adolescencia. Él tenía la misma edad que Andrea, aunque su trabajo no podía estar más alejado del de ella, que era economista, mientras que Alonso se dedicaba al diseño gráfico.

Al comienzo ambos fueron un tanto distantes. Era difícil entablar una amistad a esa altura de sus vidas. No obstante, cuando llegaron las pertenencias de Alonso, Andrea percibió la similitud de gustos. Empezaron a hablar sobre música, literatura y decoración; el clima, la panadería de la esquina o el tráfico de los viernes por la noche. Cada caja abierta era un nuevo tema de conversación.

Un día, luego de haber ido a comprar plantas y macetas, se dieron cuenta de que no habían comido. Alonso se puso entonces a preparar una de las recetas que había aprendido en su estancia romana. Sentarse a la mesa, a centímetros de distancia, disfrutar un plato de pasta recién hecho o reírse de cualquier cosa hizo que surgiera una sensación única.

De pronto, ambos empezaron a pasar más horas juntos. El vínculo se volvió cada vez más profundo, hasta que sucedió lo inevitable: sus muros de inseguridad se derrumbaron y se sintieron con la confianza suficiente para entregarse al amor.

Tu especialista de cabecera dice

DAVID JP PHILLIPS

Es un orador y *coach* sueco reconocido internacionalmente por sus conferencias, como las ofrecidas en TEDx, y sus colaboraciones con empresas como Google, Microsoft, Dell, Disney, Oracle y HP. En su libro *Las seis hormonas que van a revolucionar tu vida: dopamina, oxitocina, serotonina, cortisol, endorfinas, testosterona,* comenta:

"La oxitocina es una maravilla. No, en realidad es mejor. Yo creo que es la sustancia cerebral más importante de las relacionadas con la psicología. Es la que contribuye a tu sensación de presencia, de completitud y, en los contextos adecuados, de confianza, compasión, conexión y generosidad"

MARIAN ROJAS ESTAPÉ

Es una psiquiatra y escritora española. Sus libros *Encuentra tu persona vitamina* y *Cómo hacer que te pasen cosas buenas* han sido un éxito de ventas. En el pódcast *Grandes Éxitos*, de Cristina Mitre, afirmó:

[Existen] cosas que potencian mucho la oxitocina: una mirada comprensiva, estar con alguien que no te juzgue, que te escuche... Escuchar con cariño es lo mejor para ayudar a los que lo pasan mal

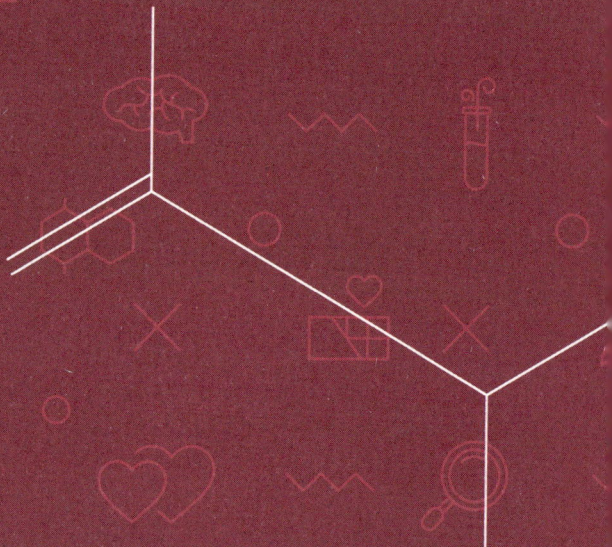

CAPÍTULO

3

CUANDO LAS alertas SE DISPARAN

Cuestiones de cálculo

Los niveles de oxitocina en el organismo se miden analizando una muestra de sangre. Debido a que la oxitocina en la sangre está adherida a las proteínas, es extraída de allí y luego concentrada mediante un largo y complejo procedimiento. Por tratarse de un examen poco usual, los materiales o reactivos y el equipo necesario son de difícil acceso por el costo y la implementación.

Las muestras de afecto de nuestros seres queridos impactan directamente en nuestros niveles de oxitocina.

También es posible contabilizarla en el líquido cefalorraquídeo, pero esta es una forma no muy práctica, dolorosa e invasiva. En cuanto a la utilidad de esta medición, ofrece muchas pistas sobre cuadros de estrés que podrían causar otros efectos, como el debilitamiento o mal funcionamiento del sistema inmune y la predisposición a padecer las siguientes enfermedades:

- Presión arterial alta
- Insuficiencia cardiaca
- Accidentes cerebrovasculares
- Depresión
- Ansiedad
- Problemas de la piel
- Cáncer
- Obesidad
- Diabetes

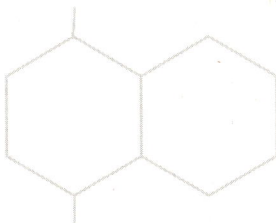

Trascendental desde el inicio

A pesar de que las pruebas para la medición de la oxitocina no son frecuentes, existe un análisis que se practica a los fetos antes de nacer, la prueba de Posse. Esta se destaca debido a la importancia que tiene esta hormona durante el parto y debe realizarse por indicación médica, sobre todo cuando existe riesgo en el embarazo.

Para ello, a la madre se le administra oxitocina sintetizada en el laboratorio, con la finalidad de estimular las contracciones del útero y medir la respuesta del bebé mediante su frecuencia cardiaca. El resultado es un indicador del bienestar y la salud del feto, así como de su capacidad para enfrentar el parto. De esta manera, el médico obstetra puede planificar el nacimiento de la forma menos riesgosa para el niño y su madre.

Factores de desequilibrio

El cortisol, conocido como la hormona del estrés, es el gran enemigo de la oxitocina. Esta hormona, que se activa cuando enfrentamos situaciones difíciles o nos sentimos amenazados por el entorno, ocasiona que nuestro cerebro nos ponga en modo de «alerta» y nos prepare para responder o huir.

La parte más primitiva de nosotros, el hipotálamo, resuelve cuestiones básicas para la supervivencia, como la rápida toma de decisiones, por ejemplo. Ante una señal de peligro, se disparan en el cerebro las alarmas, comienzan a desencadenarse una serie de respuestas instantáneas e involuntarias —taquicardia, sudoración, etc.— y se liberan hormonas como la adrenalina y el cortisol que disminuye el flujo sanguíneo al cerebro y lo aumenta hacia el corazón y otras partes vitales del cuerpo para que podamos responder o huir.

Cuando el cortisol aumenta, la oxitocina disminuye

La preocupación, la ansiedad o el estrés aumentan nuestros niveles de cortisol, lo que provoca que dejemos de producir oxitocina. Cuando esta condición se mantiene durante un tiempo prolongado, puede tener un impacto negativo para la salud.

Esto se debe a que aumenta la presión arterial y la frecuencia cardiaca, y se inhiben funciones básicas, como las digestivas o reproductivas. En esas circunstancias, solo contamos con las funciones imprescindibles para la supervivencia más inmediata. Al tener menos flujo sanguíneo cerebral, tenemos menos creatividad y espacio para la empatía y la conexión.

El estrés pone en alerta al cuerpo para que podamos enfrentar un grave peligro.

Como consecuencia, nos volvemos más intolerantes y menos empáticos. Además, se debilita nuestro sistema inmune, aumenta nuestra tensión arterial, se afecta nuestro sueño, la capacidad de atención y la memoria, entre otros. Por eso, debemos estar atentos y reconocer cuándo debemos potenciar nuestros niveles de oxitocina y «desintoxicarnos» de cortisol.

Gracias a la acción de la oxitocina, el amor puede ser nuestro aliado para superar la ansiedad y el estrés.

Test: ¿Oxitocina en equilibrio?

Esta prueba está diseñada para que sondees los niveles de oxitocina en tu organismo. Muchas veces, el día a día nos lleva a desenfocarnos y a perder un poco la perspectiva de qué acciones o rutinas nos benefician o nos perjudican.

Buscar nuestro bienestar no siempre es un camino de una sola vía. Es, más bien, una autopista con más de una alternativa. Responde con sinceridad y recuerda que no es un diagnóstico médico ni sustituye una evaluación profesional, pero puede darnos indicios útiles para identificar algún desequilibrio. Con los resultados de esta evaluación, podrás tomar conciencia y detenerte a pensar qué aspectos deberías modificar para estar en equilibrio.

Asimismo, tener una mirada en profundidad de nuestras carencias, necesidades o excesos nos ayudará a gestionar mejor nuestras emociones, comportamientos y a manejar de una manera más adecuada nuestra vida diaria.

1. ¿Sigues una rutina diaria?

☐ Siempre   ☐ A veces   ☐ Nunca

2. ¿Qué tan seguido
te ejercitas?

☐ Siempre   ☐ A veces   ☐ Nunca

3. ¿Practicas disciplinas
de bienestar como
el yoga o el taichí?

☐ Siempre   ☐ A veces   ☐ Nunca

4. ¿Con qué frecuencia practicas tus *hobbies?*

☐ Siempre   ☐ A veces   ☐ Nunca

5. ¿Qué tan seguido meditas?

☐ Siempre   ☐ A veces   ☐ Nunca

6. ¿Sueles caminar por la naturaleza, como parques, bosques o playas?

☐ Siempre   ☐ A veces   ☐ Nunca

7. ¿Te das tiempo para un masaje relajante?

☐ Siempre   ☐ A veces   ☐ Nunca

8. ¿Escuchas música en tus ratos libres?

☐ Siempre   ☐ A veces   ☐ Nunca

9. ¿Cantas a todo pulmón tus canciones favoritas?

☐ Siempre   ☐ A veces   ☐ Nunca

10. ¿Haces alguna actividad artística?

☐ Siempre   ☐ A veces   ☐ Nunca

11. ¿Lloras para liberar tus emociones?

☐ Siempre   ☐ A veces   ☐ Nunca

12. ¿Ayudas en algún voluntariado o a una persona en específico?

☐ Siempre ☐ A veces ☐ Nunca

13. ¿Dedicas tu tiempo libre a alguna actividad desinteresadamente?

☐ Siempre ☐ A veces ☐ Nunca

14. ¿Actúas con generosidad?

☐ Siempre ☐ A veces ☐ Nunca

15. ¿Haces contacto visual con las personas a tu alrededor?

☐ Siempre ☐ A veces ☐ Nunca

16. ¿Abrazas a tus amigos o familiares?

☐ Siempre   ☐ A veces   ☐ Nunca

17. ¿Les dices frases amables a las personas a tu alrededor?

☐ Siempre   ☐ A veces   ☐ Nunca

18. ¿Les das palabras de aliento a tus seres queridos?

☐ Siempre   ☐ A veces   ☐ Nunca

19. ¿Te resulta fácil escuchar a los demás?

☐ Siempre   ☐ A veces   ☐ Nunca

20. ¿Te sientes escuchado?

☐ Siempre　　☐ A veces　　☐ Nunca

21. ¿Pasas tiempo de calidad con tu familia nuclear?

☐ Siempre　　☐ A veces　　☐ Nunca

22. ¿Tienes vínculos profundos con tu familia extendida, como sobrinos, primos o tíos?

☐ Siempre　　☐ A veces　　☐ Nunca

23. ¿Te sientes cómodo
recibiendo palabras
de afecto?

☐ Siempre   ☐ A veces   ☐ Nunca

24. ¿Confías en tus
amigos cercanos?

☐ Siempre   ☐ A veces   ☐ Nunca

25. ¿Frecuentas a tus amigos
o sales con ellos?

☐ Siempre   ☐ A veces   ☐ Nunca

26. ¿Les manifiestas
tus emociones a tus
seres queridos?

☐ Siempre   ☐ A veces   ☐ Nunca

27. ¿Celebras tus logros con tus amigos o familia?

☐ Siempre   ☐ A veces   ☐ Nunca

28. ¿Compartes con tus colegas del trabajo o compañeros de clase fuera de ese ámbito?

☐ Siempre   ☐ A veces   ☐ Nunca

29. ¿Solucionas tus problemas sin mucho agobio?

☐ Siempre   ☐ A veces   ☐ Nunca

30. ¿Te sientes satisfecho cuando terminas una tarea?

☐ Siempre   ☐ A veces   ☐ Nunca

Has llegado al final. Esperamos que este test te haya ayudado a analizar tu día a día. ¿Listo para ver los resultados?

Resultados

Un punto por cada vez que respondiste «siempre».	**Medio punto** si escogiste «a veces».	**Ningún punto** si marcaste «nunca».
↓	↓	↓
1	**0.5**	**0**

¿Cuál fue tu puntaje?
¡Suma y verás!

pts.
↓

0-10

¡NECESITAS UN RESPIRO!

No le estás prestando demasiada atención a tu salud emocional y la estás dejando en un segundo plano. Te recomendamos que tomes cartas en el asunto. Meditar, leer un libro, salir a caminar o abrazar a tus seres queridos te traerá grandes beneficios. No dejes que tu cortisol le gane la batalla a tu oxitocina.

↓ pts.

11-20

¡PUEDES MEJORAR!

Revisa en este test qué aspectos podrías mejorar para aumentar tu oxitocina. Recuerda que la conexión con tus seres queridos, los abrazos y comer chocolate amargo (¡con moderación!) hacen que nuestro cerebro genere esta hormona. La bondad también lo hace, al igual que la generosidad y el servicio al prójimo.

↓ pts.

21-30

¡FELICIDADES!

Tus niveles de oxitocina son los adecuados. Sigue con tus rutinas y cada cierto tiempo regresa a este test para evaluar cómo sigues. Y, para mantenerte así, consiéntete con un masaje, abraza a un familiar o sal a bailar con tus amigos. Recuerda que la oxitocina es la hormona del vínculo emocional, afectivo y de la empatía. ¡Disfrútala en tu vida!

Un caso para analizar

Josefina es una adolescente próxima a terminar la escuela. Es la más joven de su clase, por lo que siempre trata de dar más de sí misma para nivelarse con los demás. Se siente torpe, ya que no es tan diestra como sus compañeros en varias materias; inmadura, porque no le interesan las mismas cosas que a ellos; y muy sola en el salón de clases, pues sus gustos van más hacia la pintura y la sensibilidad del arte.

Su maestra, consciente de su inclinación artística, le recomendó tomar clases de dibujo fuera de la escuela. También habló con sus padres para contarles del talento innato de su hija y les aconsejó que la apoyaran para desarrollarlo. Ellos se mostraron dispuestos a seguir sus sugerencias.

Josefina, emocionada, empezó a buscar opciones y encontró una muy cerca de su casa. Podía ir y regresar caminando o en bicicleta para evitar el tráfico de la ciudad. Si bien tenía temor de no sentirse acogida, rápidamente hizo amigos que, como ella, compartían el amor por el dibujo, las acuarelas, los pinceles y los lápices de colores. Su talento quedó en evidencia desde un inicio.

Luego de sus clases, se quedaba con sus nuevos amigos hablando sobre los grandes movimientos artísticos, sus maestros favoritos o las exposiciones a las que habían asistido. Juntos comenzaron a visitar museos, ir a talleres de artistas y muestras en galerías. También se reunían los fines de semana a tomar café, comer pasteles, dibujar o hacer *collages*.

Poco a poco, formaron una tribu: iban a comprar materiales juntos, pintaban juntos, estudiaban juntos. Y mientras más lo hacían, más estrecho era el lazo que los unía. Cada obra terminada era festejada con alegría y entusiasmo. Cada crítica entre ellos era constructiva, empática y los animaba a seguir explorando por el sendero del arte.

Josefina y su grupo de amigos construyeron un vínculo imposible de romper. Se convirtieron en una familia elegida, donde el respeto, el amor y la comprensión eran los pilares. No pasó demasiado tiempo para que los cambios en su vida se hicieran evidentes en la escuela. Se sentía más segura y animada. La confianza en sí misma causó que dejara de sentirse rara, sola y poco valorada. Pasó de sentirse a la deriva a ser una estudiante motivada y segura, encaminada hacia su felicidad.

Tu especialista de cabecera dice.

ROSA MOLINA

La psiquiatra y divulgadora Rosa Molina, doctora por la Universidad Complutense de Madrid y máster en Neurociencias, afirma en su libro *Una mente con mucho cuerpo:*

« El abrazo es el mejor ansiolítico que existe ».

MARIAN ROJAS ESTAPÉ

En su libro *Encuentra tu persona vitamina* aconseja:

« La confianza y la amabilidad abren oportunidades. Si empleas la oxitocina en tu trabajo, los resultados serán más satisfactorios ».

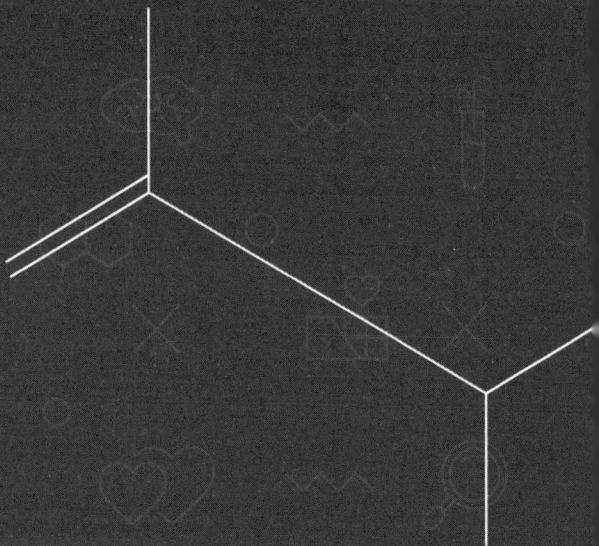

CAPÍTULO

4

EQUILIBRIO
Y
bienestar

Oxitocina en balance

La oxitocina en nuestro cuerpo se libera sobre todo durante los momentos placenteros de la vida. Por ejemplo, cuando compartimos una tarde agradable con nuestra familia, una reunión con amigos o un paseo con nuestra querida mascota.

Un abrazo, una mirada cómplice o unas palabras de cariño establecen lazos de apego. Esto hará que la oxitocina sea repartida por todo nuestro organismo, provocando sensaciones de placer, bienestar y afecto, etc. También podemos ayudar a que otros produzcan más oxitocina si nos animamos a escucharlos, abrazarlos y hacer que se sientan conectados.

Aunque no lo creas, generar oxitocina es más fácil de lo que pensamos. Solo requerimos de voluntad para recibirla, estimularla para potenciar su producción y permitirnos disfrutar.

Los resultados en nuestra salud emocional serán inmediatos y se verán reflejados en nuestro ámbito físico, mental y social. Se dan de la siguiente manera:

- **En el ámbito físico:** cualquier forma de contacto puede aumentar los niveles de oxitocina.
- **En el ámbito mental:** seremos más empáticos, amorosos y respetuosos cuando, además de practicar la introspección, realicemos actos de generosidad y altruismo.
- **En el ámbito social:** pasar tiempo con amigos y familiares, así como participar en actividades comunitarias, son la mejor forma de invertir nuestro tiempo libre.

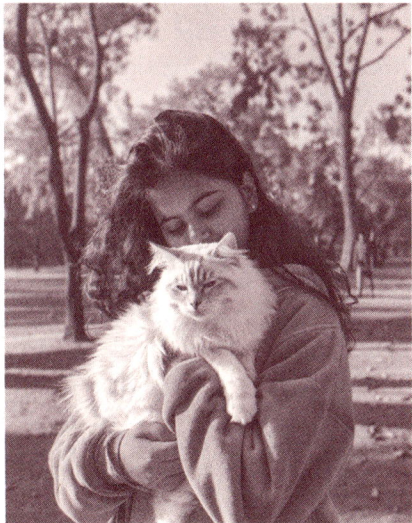

Las interacción con nuestras mascotas beneficia la salud mental y activa la producción de oxitocina.

¿Qué estimula su producción?

Como hemos mencionado, el equilibrio de esta hormona se consigue a través de relaciones sociales satisfactorias, vínculos afectivos sanos y, sobre todo, un compromiso con nosotros mismos para alejarnos del estrés, la ansiedad y la incertidumbre.

Por ejemplo, con la oxitocina podemos compensar el cortisol que liberamos al experimentar emociones incómodas, como ansiedad y angustia. No obstante, si sentimos que nos cuesta más de lo normal llegar a este equilibrio, resultaría una excelente opción buscar la ayuda de un médico clínico o un psicoterapeuta.

Una amistad duradera repercute también en nuestro bienestar físico.

La clave está en la gestión

La mejor técnica para producir oxitocina de forma natural es, sin duda, la meditación y mantener la armonía a nuestro alrededor. Sin embargo, existen otros caminos para que podamos conseguirla:

- Abrazar a nuestros seres queridos siempre y de manera prolongada.
- Reír a diario, más aún si es con amigos cercanos. Recuerda que esa complicidad vale oro.
- Generar vínculos profundos y duraderos. No tienen que ser muchos, importa más la calidad que la cantidad.
- Eliminar las relaciones tóxicas. Si bien puede resultar complejo, es posible empezar creando estrategias ante personas o momentos puntuales, como reuniones familiares o en el trabajo.
- Regalarnos una sesión de masajes o un día de *spa*.
- Encontrar momentos de ocio y de desconexión, de preferencia rodeados por la naturaleza.
- Mantener una vida sexual activa con nuestra pareja. Los beneficios serán tanto emocionales como físicos.

Cómo generar oxitocina

La mejor herramienta para generar oxitocina y mantener nuestro bienestar general es, sin duda, construir hábitos saludables. Estos son la base para la química de la felicidad que nos permitirá gozar de una óptima calidad de vida. En el día a día, resulta ideal practicar estas estrategias:

1

EN MOVIMIENTO
La actividad física regular no solo es buena para la salud, sino que libera dopamina y serotonina, hormonas que aportan a nuestra felicidad. Según recomendaciones de expertos, debemos hacer por lo menos veinte minutos de actividad aeróbica moderada o diez minutos de actividad aeróbica vigorosa. Realizar estas actividades en grupo aumenta la oxitocina.

2

MENTE EN BLANCO

Practicar meditación o *mindfulness* nos ayuda a concentrarnos en el aquí y el ahora. Puedes realizar meditaciones Metta para aumentar los sentimientos de compasión hacia ti mismo y los demás. Eso te animará a tratarte con amor y amabilidad.

3

VÍNCULOS SANOS

Las conexiones sociales positivas aumentan la oxitocina y promueven el bienestar emocional. Así, tendremos mayor capacidad para hacer frente a los desafíos diarios. Al sentirnos acompañados física y emocionalmente, podemos aumentar nuestra resistencia, confianza y empatía.

4

ALIMENTOS PROTECTORES

Consumir alimentos que estimulan la producción de oxitocina, como el chocolate amargo, el romero, el perejil, la hierbabuena y el tomillo. Por supuesto, con moderación y mesura.

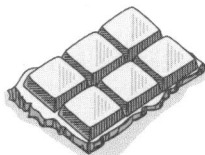

5

DESAHOGO

A pesar de ser dos acciones antagónicas, reír y llorar en realidad son actividades liberadoras de estrés, aportan calma y ocasionan alivio. Hasta abrazar un cojín puede ser de ayuda.

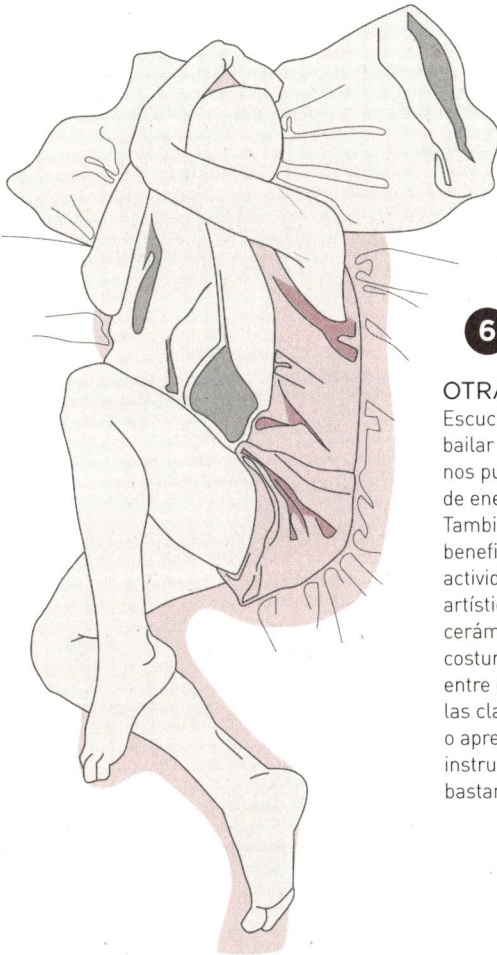

6

OTRAS ESTRATEGIAS

Escuchar música, cantar, bailar e incluso una *playlist* nos pueden dar un subidón de energía importante. También puede ser muy beneficioso participar en actividades de expresión artística, como talleres de cerámica, *collage*, dibujo, costura, tejido, escritura, entre otras. De igual modo, las clases de cocina, canto o aprender a tocar algún instrumento funcionan bastante bien.

Test: Experto en oxitocina

Mientras más sabemos de la oxitocina, podemos tomar conciencia sobre su repercusión en nuestro cuerpo y bienestar emocional. Por eso, hemos preparado un test para poner a prueba tu conocimiento. ¿Estás listo?

1. ¿Qué es la oxitocina?

a. Es la hormona que producen los testículos.

b. Es una respuesta ante el estrés.

c. Es la hormona que nos ayuda a formar vínculos emocionales.

2. ¿En qué parte del cuerpo se produce la oxitocina?

a. En las glándulas suprarrenales.

b. En la hipófisis.

c. En el cerebro.

3.

¿La oxitocina solo se genera durante el parto?

a. Sí, durante las contracciones.

b. Solo durante la lactancia.

c. No, hay muchos factores que la producen.

4.

¿La oxitocina solo nos ayuda a establecer relaciones sociales?

a. Sí, solo ayuda a nuestras relaciones sociales.

b. No, también a bajar nuestra agresividad.

c. No, también ayuda a mejorar las relaciones de pareja, sexuales y nuestra conducta como padres.

5.

¿La oxitocina se produce de manera natural o artificial?

a. Solo de manera natural.

b. Solo de manera artificial.

c. De ambas maneras.

6.

¿Qué efectos tiene la oxitocina en nuestro organismo?

a. Termorregula el cuerpo.

b. Potencia el sistema digestivo.

c. Mejora la respiración.

7.

¿Cuál es uno de los efectos negativos de la oxitocina?

a. Taquicardia.

b. Sensibilidad al rechazo.

c. Ataques de pánico.

8.

¿Cuándo liberamos oxitocina?

a. Ante situaciones de peligro.

b. Durante el parto y la lactancia.

c. Según nuestro ciclo circadiano.

9.

¿Cómo se estimula la producción de oxitocina?

a. Siendo precavido.

b. Comiendo bacalao.

c. Dando abrazos.

10.

¿Qué estrategia es positiva para el balance de la oxitocina?

a. Reír y llorar si es necesario.

b. Hacer ayuno intermitente.

c. Gritar a todo pulmón.

Respuestas:

1 → C
2 → B
3 → C
4 → C
5 → C
6 → A
7 → B
8 → B
9 → C
10 → A

Puntuación:

RESPUESTAS
CORRECTAS
↓

8-10

EXPERTO

¡Felicitaciones! Tienes un amplio conocimiento de cómo funciona esta hormona y de su importancia para nuestra salud.

RESPUESTAS
CORRECTAS
↓
5-7

AMPLIO CONOCIMIENTO

¡Muy bien! De cualquier manera, podrías potenciar tus conocimientos sobre la oxitocina si te informas un poco más.

RESPUESTAS
CORRECTAS
↓
0-4

PRINCIPIANTE

¡Todavía te falta! Debes repasar tus conocimientos sobre cómo influye la oxitocina en nuestro organismo.

Tu especialista de cabecera dice

HOWARD E. LEWINE, MD

Es editor médico en jefe de Harvard Health Publishing, internista en ejercicio en el Hospital Brigham and Women's de Boston y editor en jefe de Harvard Men's Health Watch. Sobre la oxitocina dice:

"La música también parece tener la capacidad de aumentar los niveles de oxitocina, especialmente cuando las personas cantan en grupo, lo que agrega el elemento de unión".

TORI DEANGELIS

Es escritora científica especializada en psicología. En un artículo de la Asociación Psicológica Americana (APA), comenta lo siguiente:

« Si las hormonas pudieran ganar concursos de popularidad, la oxitocina bien podría ser la reina del día. Dada la conexión de la oxitocina con actividades que afirman la vida como el comportamiento materno, la lactancia, el vínculo social selectivo y el placer sexual, los investigadores han estado trabajando horas extras para descubrir su papel en el cerebro y en la regulación del comportamiento »

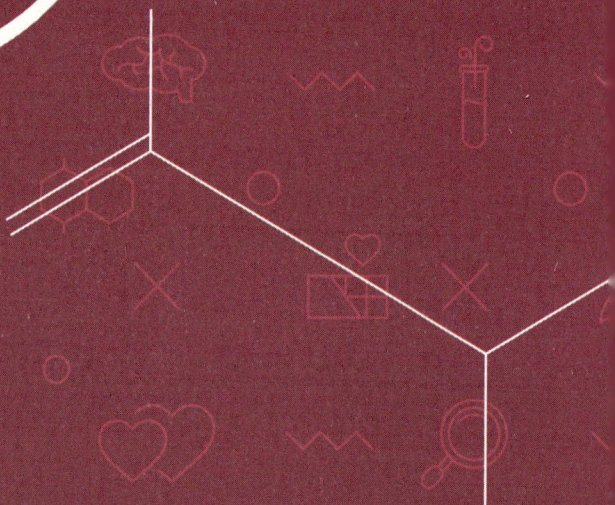

PARA

crear

Doce pasos hacia la química de la felicidad

Hemos hablado muchísimo sobre cómo influyen las hormonas y los neurotransmisores en nuestro organismo y estado de ánimo. También de cómo su equilibrio nos pone —o no— en un estado pleno, de calma, relajación o felicidad. Por tal motivo, hemos preparado una lista de pasos para que los tengas en cuenta y los apliques en tu día a día para lograr el balance entre estos químicos indispensables del cuerpo que son tus grandes aliados para alcanzar una sensación de plenitud y bienestar.

1

RÍE

Busca a tu pareja, amigos, familia, vecinos y comparte risas, anécdotas y momentos agradables. La risa aumenta el consumo de energía y la frecuencia cardiaca en aproximadamente 10 y 20%. Se estima que se llegan a quemar entre diez y cuarenta calorías por cada diez minutos de risas.

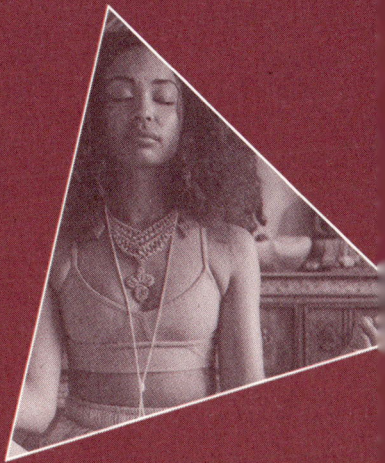

2

MEDITA

↓

Es la forma más efectiva para reducir la ansiedad y el estrés. También ayuda a liberar las sensaciones negativas y a gestionar mejor las emociones, lo que te llevará a sentir paz y seguridad contigo mismo. Físicamente, contribuirá a disminuir tu presión arterial y te hará dormir mejor.

3

DUERME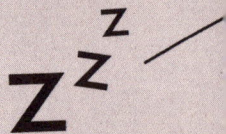

4

HAZ EJERCICIO

De siete a nueve horas es lo recomendable para descansar lo suficiente. El sueño ayudará a tu cerebro a recuperarse del día a día, a desempeñarse mejor, tomar decisiones más acertadas, establecer mejores relaciones con otras personas, etc. Y no solo eso, también te sentirás más optimista.

Es la manera más eficiente en la que sentirás bienestar y felicidad, dado que el cuerpo libera gran cantidad de endorfinas, serotonina y dopamina. Además, la actividad física también disminuirá el estrés porque reduce el cortisol, te vuelve más sociable, aumenta tu sentido del orden y conecta el cuerpo con la mente.

5

COME SANO

De esta manera, aumentarás los niveles de dopamina en el cuerpo y recibirás los nutrientes necesarios para el correcto funcionamiento del cerebro y el sistema nervioso.

6

CUMPLE OBJETIVOS

El sentimiento de felicidad que se experimenta al alcanzarlos te motivará más, te dará seguridad y confianza en ti mismo. Conseguir algo que realmente deseas es una de las satisfacciones más intensas que existen.

7

ABRAZA

El contacto físico con afecto mejora la autoestima, reduce el estrés, atenúa el estado de ánimo negativo y aminora la percepción de conflicto contigo mismo y con todos los que te rodean. Asimismo, contribuye a alejar la ansiedad y te brinda el alivio de sentirte como en un refugio.

8 Baila

En la soledad de la cocina, acompañado en una gran fiesta o con tu pareja. No solo liberarás dopamina y serotonina, sino que, además, oxigenarás el cerebro. Gracias a eso, se generan nuevas conexiones neuronales.

9

TOMA EL SOL

Es la única forma en la que el cuerpo produce vitamina D. Esto mejora el ánimo, disminuye la presión arterial, fortalece los huesos, músculos e incluso el sistema inmunitario. Eso sí, ten en cuenta que debes hacerlo con moderación y con la protección necesaria.

AYUDA A ALGUIEN

Las buenas acciones traen como recompensa el aumento de la satisfacción en la vida, mejoran el estado de ánimo y bajan los niveles de estrés. Esto te hará sentir valorado, reafirmará tus relaciones interpersonales, fortalecerá tus vínculos y generarás confianza y gratitud.

10

11

CONECTA CON LA NATURALEZA

↓

En general, salir a pasear por la playa, un bosque, la selva, una duna desierta o por espacios verdes, te volverá más feliz. Los sentidos se estimulan, te llenas de paz, armonía y te conectas más con la vida.

12

AGRADECE

Te permitirá ser más consciente de los aspectos no materiales de la vida. El sentimiento de gratitud está íntimamente relacionado con la satisfacción personal, la salud mental, el optimismo y la autoestima. Asimismo, agradecer te permitirá conocerte mejor y gestionar de manera más adecuada las relaciones sociales.

COMPROMISOS

En el capítulo 4 hemos explicado cómo mantener el equilibrio. Considerando esa información, sería ideal poner en blanco y negro tus compromisos personales de cara al futuro.

¿Qué quieres hacer de ahora en adelante? ¿Tal vez sonreír más o alimentarte de manera balanceada?

○ ....

....

○ ....

....

○ ....

....

○ ....

....

○ ....

....

○ ....

....

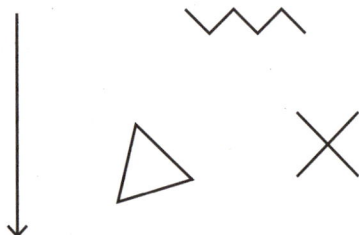

ACCIONES

El camino para mantener nuestros compromisos y lograr nuestros objetivos está hecho de pequeñas acciones cotidianas que marcan la diferencia. La clave está en el cambio: ¿qué modificaciones concretas piensas hacer en tu vida para alcanzar los compromisos que anotaste en la página anterior?

Un gran cambio puede ser acostarte una hora más temprano o meditar diez minutos por las mañanas. **¡La ruta la haces tú!**

LOS SERES QUE ELEVAN LOS QUÍMICOS

DE MI FELICIDAD

Las relaciones con otras personas son tan importantes para nuestra salud como comer bien o hacer ejercicio. Esos vínculos nos dan contención, apoyo, cariño y seguridad, lo que es vital para nuestro equilibrio emocional. Por eso, es fundamental tener presente quiénes son.

Escribe sus nombres

y añade un agradecimiento
para ellos por estar
en tu vida.

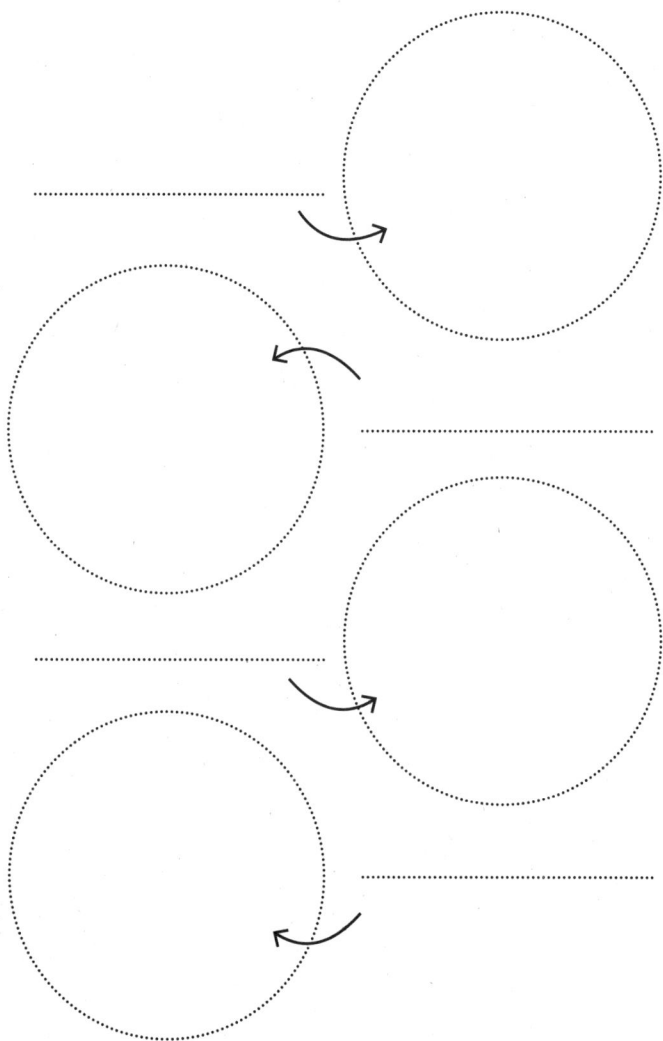

TU ESPECIALISTA DE CABECERA DICE

EL DALÁI LAMA

El líder espiritual del budismo tibetano tiene como una de sus principales misiones animar a las personas de todo el mundo a ser felices. Para lograrlo, trata de ayudarlas a comprender que, si sus mentes están alteradas, la comodidad física por sí sola no les traerá paz, pero si sus mentes están en paz, nada los perturbará. Además, promueve valores como la compasión, el perdón, la tolerancia, la satisfacción y la autodisciplina.

« La felicidad no es algo que ya está hecho, emana de nuestras propias acciones ».

Y tú... ¿ya decidiste qué harás hoy para construir tu felicidad?